MÉTÉOROLOGIE.

ANNUAIRE

MÉTÉOROLOGIQUE DE LA FRANCE

Par le Dr A. BÉRIGNY.

APPAREILS ENREGISTREURS PHOTOGRAPHIQUES
DE M. BROOKE,

Par SILBERMANN aîné.

MODIFICATIONS AU THERMOMÈTRE HORIZONTAL
A MINIMUM DE RUTHERFORD,

Par WALFERDIN.

THERMOMÈTRE A MAXIMUM A BULLE D'AIR
DE WALFERDIN.

(Extraits du journal LA SCIENCE.)

Paris,

IMPRIMERIE DE DUBUISSON ET Ce,
RUE COQ-HÉRON. 5.

1855

MÉTÉOROLOGIE.

ANNUAIRE MÉTÉOROLOGIQUE DE LA FRANCE

Par le Dr Ad. BERIGNY.

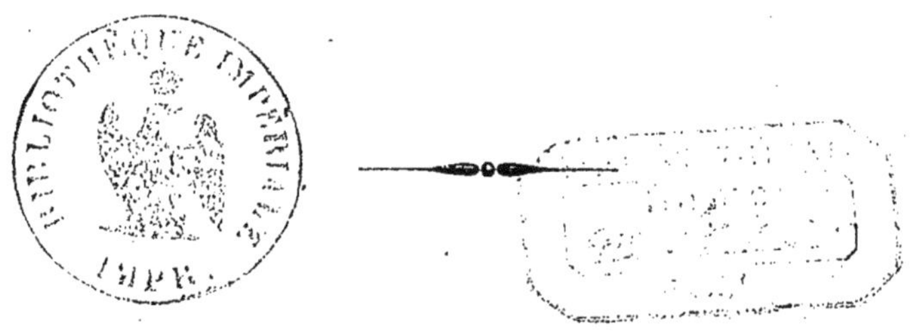

A Monsieur Auguste Blum, *rédacteur en chef du journal*
la Science.

Monsieur et ami,

Vous avez bien voulu me demander l'histoire de l'*Annuaire météorologique de la France;* afin de faire connaître celle de la Société météorologique, je me rends à votre invitation, parce qu'elle me fournit en même temps l'occasion de rappeler à la mémoire des savants le nom d'un homme qui me fut bien cher, tombé victime de son dévouement à la science.

Dans le n° 14 du journal *la Science*, vous émettez cette opinion : « Il faut bien qu'on sache que de 1820 à 1830, le goût de la mé- » téorologie avait été fort répandu. Ce goût s'est affaibli pendant » une vingtaine d'années, et, maintenant, il est revenu pour ne » plus cesser. »

Cette pensée, qui est vraie, me détermine à accomplir un devoir envers un météorologiste bien distingué, qui a payé de sa vie les efforts qu'il a faits pour donner à la météorologie l'impulsion qu'elle avait perdue à l'époque dont vous parlez.

Ce savant, vos lecteurs qui s'occupent de la science des phénomènes atmosphériques le pressentent déjà, c'est J. Hœghens, le principal auteur de l'*Annuaire météorologique de la France*, le premier fondateur de la Société météorologique de France, ca Hœghens fut mon maître, et Martins voulut bien nous tendre une main amie pour nous aider à marcher.

Ce fut le 20 mars 1847, qu'après avoir bien arrêté le cadre de l'*Annuaire météorologique*, après avoir trouvé un éditeur, avec lequel nous contractâmes de lourds engagements, à nos risques et périls, Hœghens et moi, qu'à Versailles, sans pilotes, nous lançâmes dans le vaste océan de la science notre première circulaire.

Notre appel fut aussitôt entendu par tous les météorologistes dont les noms figurent sur nos volumes. Ces savants nous adressèrent leurs adhésions en même temps que leurs séries météorologiques; de sorte que, le 1ᵉʳ juillet de l'année 1847, nous publiions notre seconde et dernière circulaire, dans laquelle nous indiquions à nos collaborateurs les instructions indispensables dont leurs observations devaient être accompagnées. Ce fut à cette époque, c'est-à-dire au moment où nous commencions à imprimer les premières feuilles de notre premier volume, que nous allâmes trouver le traducteur de Kœmtz, le savant météorologiste dont le nom était invoqué dans chaque ouvrage traitant de la météorologie, afin de lui offrir une part égale de collaboration dans l'œuvre toute désintéressée que nous étions fermement décidés à soutenir jusqu'à ce que nos forces nous abandonnassent. Notre joie fut bien grande le jour où M. Martins consentit à accepter notre proposition; elle fut si vive, qu'en rentrant à Versailles, Hœghens et moi, nous décidâmes que, le lendemain, nous commencerions les observations de nuit, ce qui eut lieu. Le pauvre Hœghens se chargea de l'observation de trois heures du matin, qu'il fit sans beaucoup de lacunes pendant une année entière; c'est là, je le constatai trop tard, qu'il puisa les germes de la maladie qui l'a ravi à la science. Quant à moi, je pus continuer pendant sept années ma série de minuit, que je n'abandonnai qu'à la mort de ce savant et excellent ami, parce que je crus qu'il était plus utile de continuer l'observation de six heures du matin, qu'Hœghens faisait depuis l'origine de notre association (1).

Alors, après bien des veilles, bien des sacrifices de toute nature, parut, dans les premiers mois de l'année 1848, notre premier volume, enrichi de l'introduction si remarquable de M. Martins;

---

(1) A dater du 1ᵉʳ de ce mois (avril 1855), j'ai recommencé les observations de minuit, que je m'efforcerai de poursuivre, maintenant que je possède la collaboration nouvelle d'un homme dévoué à la science, M. Richard de Sedan.

puis les trois autres, qui se sont succédé chaque année, jusqu'au jour où, cédant à la force des choses, parmi lesquelles se trouvait en première ligne la raison de santé d'Hœghens, nous nous décidâmes, après bien des hésitations et des regrets, à faire appel au dévouement des météorologistes, et nous ne trouvâmes de consolation à l'abandon de notre œuvre que dans l'espoir qu'une *association météorologique* pourrait peut-être résulter de l'impossibilité dans laquelle nous nous trouvions de persister dans notre publication.

C'est dans cet espoir qu'Hœghens écrivait, à la fin de l'introduction au troisième volume, les alinéas suivants :

« Qu'il nous soit permis d'exprimer un regret et d'en appeler au témoignage de ceux qui connaissent les sacrifices de toutes sortes que nous faisons chaque année pour la publication de cet ouvrage qui, nous l'espérons, contribuera à hâter les progrès de la météorologie et de la physique du globe, jusqu'à ce jour, si peu étudiées en France. Nous sommes autorisés à penser que des observateurs auxquels nous avons demandé plusieurs fois avec instance leurs travaux pour les publier, regardent l'*Annuaire* comme une *spéculation de librairie*, de laquelle les auteurs et les éditeurs tirent grand profit. Il suffit, selon nous, de signaler ici cette conjecture, pour en faire ressortir l'inexactitude, et si elle pouvait affaiblir notre zèle, nous trouverions toujours de puissants encouragements dans les nombreux témoignages d'intérêt que nous recevons chaque jour des savants météorologistes de tous les pays, sans exception.

» Les réflexions qui précèdent, et surtout les charges que cette publication nous impose, nous font exprimer le désir de voir se former en France une *association météorologique* dont l'*Annuaire* serait, en quelque sorte, le centre, en même temps qu'il en publierait les travaux. Tous les observateurs disséminés sur le sol de la France et des pays limitrophes, tous les savants étrangers qui, par leur correspondance, nous prêtent leur concours, en faisant partie de cette société, assureraient l'existence et augmenteraient le développement d'une œuvre toute scientifique. Nous ne dissimulerons pas que, privés de ce soutien, nous craindrions de ne pouvoir longtemps faire face aux énormes dépenses qu'entraîne l'*Annuaire* et que nous supportons seuls. »

« Que les nombreuses sociétés savantes qui existent en France, que tous ceux qui s'occupent de météorologie et de physique du globe, veuillent bien accueillir cette idée ; qu'ils nous fassent connaître leur acquiescement, les réflexions que cette création pourra leur suggérer, et le *quatrième* volume, qui est sous presse, contiendra la liste des adhésions et le résumé des opinions émises. »

« Un dernier mot : si l'*Annuaire* venait à cesser de paraître, ce ne serait certainement ni notre temps, ni nos travaux qui lui auraient fait défaut; il ne faudrait l'attribuer qu'au manque de protections et de ressources; les trois premiers volumes et celui qui paraîtra en 1852 prouveront toujours notre désintéressement et notre dévouement à la science.

      » J. Hoeghens, professeur.

  » Versailles, le 15 mai 1851. »

Enfin, chargé de l'introduction de notre quatrième volume, je terminai ce dernier par l'exposé suivant, qui n'était que le résultat de nombreuses adhésions et des encouragements que nous avaient envoyés nos collaborateurs et d'autres savants météorologistes.

« Notre traité avec MM. Gaume expirant avec la publication du quatrième volume de l'*Annuaire*, M. Hœghens, dans le but d'assurer la continuation d'une œuvre que nous croyons utile, avait dû, dès l'année dernière, faire un appel à tous les hommes de science, en exprimant le désir de voir se former en France une *association météorologique*. Cet appel fut accueilli avec bienveillance par tous les collaborateurs de l'*Annuaire*, et même par des savants étrangers à cette publication ; cependant, toujours privés de l'appui que nous espérions en fondant cet ouvrage, cette pensée restait à l'état de projet, lorsqu'un ami de la science (1), un homme animé de cette ardeur sans laquelle rien ne réussit, vint nous proposer son concours, que nous acceptâmes avec empressement. Grâce à son activité et au peu d'aide que nous lui apportâmes, nous vîmes rapidement s'organiser une *société météorologique* puissante qui, dès à présent, compte dans son sein la presque totalité des savants qui, en France, se sont occupés de météorologie et de physique du globe.

» Aujourd'hui, nos vœux sont réalisés : l'*Annuaire météorologique* a vécu pendant quatre années ; il a contribué à fonder la *Société météorologique de France*, aussi avons-nous hâte de déclarer que ce succès est pour nous la meilleure récompense des sacrifices de toute nature et des faibles efforts que nous avons offerts à la météorologie. Maintenant, nous pouvons annoncer que cette société va continuer, pour ainsi dire, notre publication, sous le titre d'*Annuaire météorologique de France*.

      » Le Dr Ad. Bérigny.

  » Versailles, 17 février 1853, »

Telle est, Monsieur, l'origine de l'histoire, que l'on pourrait peut-être appeler moderne, de la météorologie en France, et tel est, par conséquent, le point de départ de l'impulsion nouvelle

---

(1) M. Ch. Sainte-Claire Deville, vice-président de la Société géologique, aujourd'hui un des vice-présidents de la Société météorologique de France.

que lui a donnée le pauvre Hœghens, il y a bientôt dix ans. Je
vous remercie de m'avoir fourni l'occasion de lui rendre, dans
votre journal, si utile et qui a tant de publicité, la justice due à
un savant presque ignoré, surtout lorsqu'il a été aussi modeste
que le fut Hœghens; je cherchais depuis longtemps à acquitter
envers sa mémoire le tribut de mon admiration pour tant d'abné-
gation et de dévouement à la science.

Je serai très heureux si les documents contenus dans cette let-
tre peuvent servir d'introduction au programme de la Société
météorologique de France, programme que vous avez publié dans
le n° 8 de ce journal.

Recevez, etc.

Le Dr Ad. Bérigny.

Versailles, le 27 avril 1855.

APPAREILS ENREGISTREURS PHOTOGRAPHIQUES

De M. Brooke.

Dans la séance de l'Institut du 19 mars, M. Le Verrier apprit à
l'Académie l'organisation des observatoires météorologiques; il
fit en même temps connaître que l'un de leurs savants confrères,
M. le général Morin, directeur du Conservatoire impérial des arts
et métiers, lui prêtait les appareils enregistreurs photographiques
de M. Brooke, que possède cet établissement.

Pensant que vos lecteurs verront avec intérêt la description de
ces ingénieux appareils, je viens la leur offrir avec d'autant plus
de plaisir que, dans l'intérêt de la science, j'avais demandé et obtenu du général Morin l'achat de ces appareils, lors de l'exposition
de Londres, afin de les exposer dans les galeries du Conservatoire,
en attendant qu'on puisse disposer un emplacement convenable
pour les installer en expérience et former un observatoire relié à
ses galeries et destiné uniquement à l'exposition pratique des instruments de météorologie. Je dis observatoire et non pas galerie,
puisqu'ils devaient être disposés pour pouvoir fonctionner en cas
de besoin, afin de pouvoir les étudier plus convenablement. Ce
n'est pas sans plaisir que je les verrai servir à l'Observatoire de
Paris; c'est ce qu'on pouvait désirer, en attendant que cet établissement en ait d'autres à lui appartenant.

M. Brooke s'est principalement occupé des observations baro-
métriques, thermométriques, hygrométriques et magnétiques,
auxquelles il a consacré trois boussoles.

Ces six instruments forment trois couples, et chaque couple im-
prime ses indications sur un enregistreur photographique différent. L'hygromètre est à évaporation : c'est un thermomètre pareil
au précédent, seulement son réservoir est couvert d'un linge constamment imbibé d'eau. Ces deux thermomètres forment un psychromètre. Les deux thermomètres forment l'un des couples ; le baromètre et la balance magnétique le second ; et les deux magnétomètres, le troisième couple.

L'importance d'instruments au moyen desquels la direction et
l'intensité du magnétisme terrestre puissent être régulièrement observées et connues de tous les hommes de science, et l'application
de la photographie à cet objet, est un moyen par lequel beaucoup de
labeur sera évité aux observateurs météorologistes. Dans ce qui
suit, nous nous proposons d'expliquer aussi brièvement que possible comment ces observations s'enregistrent d'elles-mêmes.

Le magnétisme terrestre est une force *directrice* et non *attractive*, exercée par la terre et l'atmosphère qui l'entoure sur une
aiguille ou une barre aimantée, suspendue librement. Il est facile
de faire voir que cette force n'est pas *attractive ;* il suffit de déposer
un aimant sur un liége flottant sur l'eau : l'aiguille cherchera à se
mettre dans la direction du méridien magnétique ; mais elle ne
manifestera pas la moindre tendance à flotter vers le nord, ce
qu'elle ferait cependant, libre comme elle l'est, si une force attractive quelconque s'exerçait sur elle dans cette direction.

Le méridien *magnétique* ne coïncide pas avec le méridien *astro-
nomique*, mais il est différemment incliné à ce dernier aux divers
points de la surface terrestre. L'angle suivant lequel ces deux
méridiens sont inclinés l'un sur l'autre est la *déclinaison magné-
tique*. La valeur de cet angle est actuellement d'environ 22° 1|2 à
Paris, et sa direction est occidentale pour la portion du nord de
l'aiguille.

Une aiguille de boussole est d'ordinaire suspendue de telle
sorte qu'elle soit horizontale dans le méridien magnétique ; mais
si elle est suspendue de manière qu'elle puisse se mouvoir librement dans un plan vertical, l'extrémité marquée de l'aiguille se
déprimera dans cette position, et l'angle que fera cette aiguille au
repos avec le plan horizontal est nommé *inclinaison ;* la valeur
actuelle de cet angle est d'environ 68° 3|4 dans la même localité.

La force qui incline l'aiguille peut être considérée comme composée de deux forces, l'une agissant horizontalement, et l'autre
verticalement ; par l'effet de la première, l'aiguille est dirigée horizontalement, et par la deuxième verticalement. Dans ce moment,

la force verticale est à la force horizontale dans le rapport de 2 à 1, à peu de chose près.

Ces trois éléments de la force magnétique terrestre, la déclinaison ou la direction du plan vertical dans lequel elle s'exerce, et l'intensité de ses composantes horizontales et verticales sont dans un état de variation continuel. Quelques-unes de ces variations offrent un caractère périodique, tandis que d'autres, plus irrégulières et plus fortes, se rencontrent moins souvent, et proviennent de causes qui, jusqu'à présent, n'ont été étudiées qu'imparfaitement.

L'objet principal des observations magnétiques est d'obtenir une connaissance complète des causes physiques dont dépendent l'existence du magnétisme terrestre et ses divers changements. Cette connaissance sortira de la comparaison des variations observées dans les trois éléments de la force magnétique et leur occurrence avec les autres phénomènes naturels.

Les instruments au moyen desquels on observe les variations des éléments magnétiques sont : le *déclinomètre*, le *magnétomètre bi-filaire*, ou pour la force horizontale, et le *magnétomètre-balance*, ou pour la force verticale.

Le déclinomètre consiste en une barre aimantée, suspendue librement par une mèche de fils de cocon de soie non tordus ; les variations de la position de cet aimant correspondent avec ceux du plan vertical dans lequel s'exerce la force terrestre.

Le magnétomètre bi-filaire se compose d'une barre semblable à la précédente, mais suspendue par deux mèches parallèles de cocon de soie, séparées seulement par un petit espace. Le double point de suspension est tourné jusqu'à ce que la barre occupe une position exactement perpendiculaire au méridien magnétique, dans laquelle il est ainsi retenu par l'opposition de deux forces : le poids de la barre et de ses accessoires, qui tend à détordre l'écheveau de suspension ; tandis que la force de la composante horizontale du magnétisme terrestre tend, elle, à tourner la barre dans une direction opposée.

Comme la première de ces forces reste constante, il est clair que les variations de la dernière produiront des changements correspondants dans la position de l'aimant : et on observera que les variations de la force magnétique horizontale seront déterminées par ces changements de position.

Le magnétomètre-balance est une barre aimantée, très délicatement, supportée par un couteau, pour pouvoir se mouvoir dans un plan vertical comme le fléau d'une balance. Cet instrument est placé perpendiculairement au méridien magnétique, et est tenu dans une position horizontale au moyen d'un poids qui s'oppose à l'action de la force verticale du magnétisme terrestre, pour placer l'aimant dans une position verticale. Comme le contrepoids reste constant, il s'ensuit que les changements dans l'intensité de la force verticale seront indiqués par des changements correspondants dans la position de l'aimant; position qui fait le sujet de ces dernières observations.

Jusqu'ici, la méthode employée pour observer les indications de ces instruments a été de regarder à travers une lunette fixe les divisions d'une échelle fixe, réfléchies par un miroir-plan attaché à chacun de ces aimants. Mais, par ce moyen, on n'a obtenu qu'une connaissance bien imparfaite sur la nature des changements du magnétisme, et il a été reconnu nécessaire, pour les observations, qu'elles fussent faites sur ces divers instruments tout au moins toutes les deux heures, soit de jour, soit de nuit; ce laborieux soin est dévolu aux observateurs : d'où quelque moyen nouveau pour observer plus commodément les variations de ces instruments a été un désir bien avéré dans la science physique.

A l'aide de la photographie, ce désir a été atteint pour ces instruments, dont le mérite a été bien reconnu par une médaille de vermeil décernée à M. Brooke, en 1851, par le jury de l'Exposition universelle de Londres.

Avec ces instruments, on fait une suite non interrompue d'observations à l'Observatoire royal de Greenwich. Ces résultats n'auraient pas pu s'obtenir par l'observation personnelle ; parce que, si chaque lunette était constamment à l'œil d'un observateur, (ce qui nécessiterait certainement un bien grand état-major), les résultats seraient certainement liés à des erreurs d'observation, et quelquefois les variations sont si rapides qu'elles passent sans avoir pu être remarquées par l'observateur. Aussi nous ferons remarquer que depuis l'emploi de ces appareils à Greenwich, le nombre des observateurs du magnétisme a été singulièrement réduit et les fatigues des veilles de nuit ont été entièrement supprimées.

Certainement l'enregistrage des observations magnétiques est l'un des usages les plus grands qu'on ait faits jusqu'ici du bel art de la photographie.

La méthode employée pour chacun de ces instruments est la suivante :

Un miroir métallique concave, de 75 millimètres de diamètre et d'environ 50 centimètres de foyer, est fixé à chaque aimant par un ajustement possédant toutes les dispositions requises : les rayons de lumière d'une lampe ou d'un bec à gaz placé à une distance d'environ 60 centimètres du miroir passent au travers d'une fente étroite pratiquée dans une plaque métallique, et tombent sur le miroir, d'où ils sont réfléchis vers un foyer qui se trouve à environ 3 mètres. La source de lumière étant fixe de position, il est clair que les mouvements du point focal de la lumière correspondront à ceux de l'aimant.

Un cylindre couvert de papier photographique est placé de telle
sorte que le foyer lumineux tombe sur lui. Le cylindre est mis en
rotation sur son axe par le moyen d'un mouvement d'horlogerie,
et par le mouvement concomitant du point lumineux et du cylindre, la courbe magnétique se trace d'elle même sur le papier
sensible.

Le procédé photographique a été appliqué au baromètre ainsi
qu'aux deux thermomètres, dont l'un à réservoir sec, et l'autre à
réservoir mouillé, qui forment ensemble un psychromètre; mais
le mode d'application est un peu différent du précédent, en ce que
la lumière n'est pas réfléchie par un miroir; l'explication des figures qui accompagnent cette description suffira à son intelligence.

Préparation du papier photographique.

La préparation du papier sensible employé dans ces appareils
est la suivante :

Les feuilles de papier mince, pour négatif en photographie,
étant coupées de grandeur convenable, on les plonge d'abord dans
une dissolution composée, en poids, de :

> Colle de poisson. . . . 8
> Iodure de potassium . . 16
> Bromure de potassium . 24
> Eau distillée. 1000

Puis séchées promptement au feu.

On prépare ainsi une grande quantité de feuilles à l'avance.

Peu avant de les placer sur les cylindres, on plonge les feuilles
dans la dissolution sensibilatrice suivante, dans l'obscurité.

> Azotate d'argent. . . . 100
> Eau distillée. 1000

Après les vingt-quatre heures d'exposition à l'influence de la
lumière pendant l'expérience, ce papier est enlevé des cylindres,
et on développe l'image produite sous cette influence, par son
immersion dans une dissolution chaude de :

> Acide gallique. 40
> Fort acide acétique du commerce. . 40 à 100
> Eau distillée. 1000

Les feuilles sont ensuite lavées à l'eau et séchées dans des pa-
piers buvards pressés.

*Légende explicative des figures représentant les appareils
enregistreurs photographiques de M. Brooke.*

Fig. 1ʳᵉ Déclinomètre.

    A. Support massif en pierre de 70 centimètres de hauteur,
reposant sur un massif isolé du plancher de l'observatoire.

    B. Tablette en marbre noir sur lequel est établi tout l'ap-
pareil.

    C. 8 tringles de 90 centimètres de longueur, fixées deux à
deux à chaque angle de la tablette, au moyen de bou-
lons. Ces tringles se réunissent en haut pour supporter
une tablette D.

    D. Tablette servant à supporter la suspension formée par
une vis qui relève ou abaisse la mèche de soie non tor-
due à laquelle est suspendu l'aimant *n s*. Cette vis est
portée par une potence fixée à un disque, qui permet
de détordre le fil, quand cela est nécessaire. Une cloche
de verre couvre cet appareil.

    E. Cage qui abrite l'aimant *n s* et ses accessoires contre les
courants d'air ; un tube partant du dessus de cette cage
et s'arrêtant à la tablette D abrite pareillement le fil de
suspension.

Le cadre de suspension dans lequel passe l'aimant est prolongé
en dessous, pour porter le dispositif d'un miroir plan en verre *a*,
ainsi que le miroir métallique concave *b* et ses vis calantes. Ce
prolongement porte une vis de rappel pour préciser la direction
des rayons sur l'endroit voulu de l'enregistreur.

    F. Lampe ou bec à gaz placé à 60 centimètres en avant du
miroir concave. Un mince pinceau de lumière passe
dans l'ouverture pratiquée dans sa cheminée métallique, puis dans une fente verticale, réglée par un côté
mobilisable, au moyen d'une vis à clef, d'où le rayon
passe au miroir pour s'y réfléchir et venir tomber sur
le papier sensible de l'appareil enregistreur.

    Fig. 2. Appareil enregistreur placé sur un trépied, à environ 3
mètres en avant du miroir précédent.

    aa. Combinaison de deux lentilles cylindriques, plan con-
vexe, en verre : la lumière partant du miroir les traverse
et est concentrée par elles en un point sur la surface du
papier sensible.

    bc. Appareil enregistreur, consistant en deux cylindres con-
centriques, entre lesquels se place le papier sensible.

    d. Bec à gaz adapté au pied de l'enregistreur.

e. Lentille prismatique, plan convexe, fixée sur la boîte en
métal qui protège le papier sensible contre toute lumière
étrangère. Un pinceau de lumière venant du bec *d* arrive à
la lentille *e*, qui, après une réflexion à angle droit, la ré-
fracte sur le papier où elle a son foyer et y décrit une ligne
circulaire qui sert de base à la courbe tracée par les variations du miroir de l'aimant.

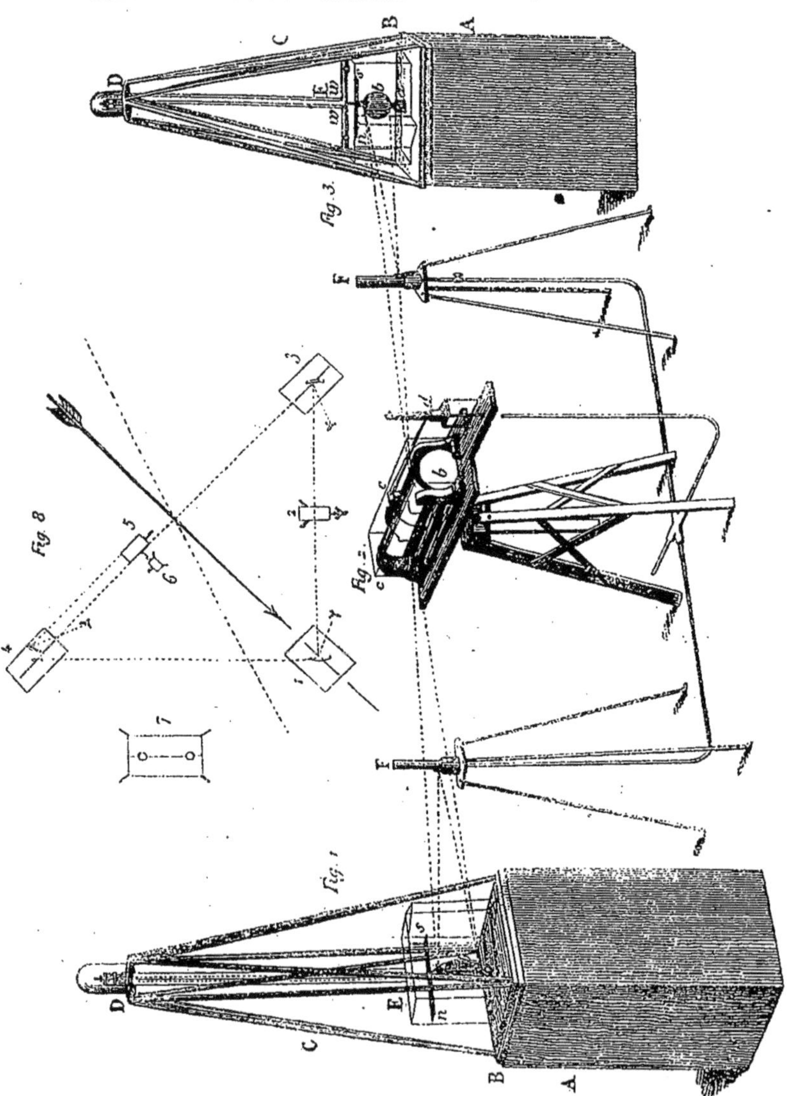

f. Chronomètre placé en *c* dans le prolongement de l'axe des cylindres *b, c*. L'aiguille du chronomètre conduit un bras qui part de l'axe des cylindres et s'engage dans l'extrémité fourchue de l'aiguille.

Fig. 3. Magnétomètre bi-filaire ou à force horizontale.

    A. Pied; B, table; C, tringles; dispositions comme dans la *figure* 1.

    D. Tablette de la suspension. Ici la vis de suspension, au lieu d'être terminée par un crochet, se trouve terminée par une fourche à deux branches qui sert à porter l'axe d'une poulie à gorge, en verre : le fil de suspension passe dans la gorge; le diamètre de cette poulie est de 2 centimètres environ. Les deux extrémités de la mèche de suspension, après avoir passé sur la poulie, arrivent vers l'aimant *n s ;* elles s'accrochent à deux crochets, chacun fixé à l'extrémité d'un tube de zinc chaussé sur un tube de verre plein, qui reçoit les deux tubes de zinc, qui y sont fixés par leurs bouts extrêmes. Ce système de tubes forme une compensation automatique; tandis que la température augmente, les deux crochets se rapprochent l'un de l'autre d'une quantité égale à la différence de dilatation, entre la verge de verre et les tubes de zinc, entre les pinces à vis *v v ;* de cette façon, la force de torsion est diminuée, et la position des pinces *v v* est arrêtée, de telle sorte que la diminution de la force de torsion soit équivalente à la diminution du pouvoir de l'aimant, et vice versâ, quand la température diminue.

    E. Boîte semblable à celle du déclinomètre.

L'enregistrement de ses mouvements est absolument semblable au précédent, seulement elle se fait sur le côté opposé des cylindres.

Une caisse noircie, en zinc, est posée par-dessus les cylindres et la boîte qui les recouvre, pour à nouveau prévenir l'introduction de toute lumière étrangère; les deux pinceaux seuls qui forment les courbes magnétiques, et celui qui passe à travers le prisme A sur la caisse pour tracer la ligne de base, ont leur entrée ménagée dans les parois de cette caisse. Pour éviter toute confusion, on n'a pas dessiné cette deuxième caisse; la caisse intérieure même n'a été qu'indiquée légèrement, dans la même raison.

Fig. 4. Magnétomètre-balance.

    A. Massif en pierre pareil aux précédents.

    B. Table en marbre noir sur laquelle est établi le support de l'aiguille.

    C. Support en bronze; à sa partie supérieure se trouvent deux plans d'agathe sur lesquels reposent les deux couteaux de l'aimant.

a. Miroir plan pour les observations à la lunette.

b. Miroir concave fixé à l'aimant au moyen d'une tige de bronze.

c d. Tige de bronze dans laquelle deux couteaux en agathe sont encastrés pour supporter, en équilibre, sur les plans d'agathe, tout le système de l'aiguille magnétique. Ces couteaux peuvent être soulevés au moyen de quatre fourches en forme d'Y, au moyen d'un excentrique.

F. Bec à gaz portant une fente horizontale; sa lumière tombe en pinceau plat horizontal sur le miroir *b*, sur lequel elle se réfléchit pour venir sur l'enregistreur photographique.

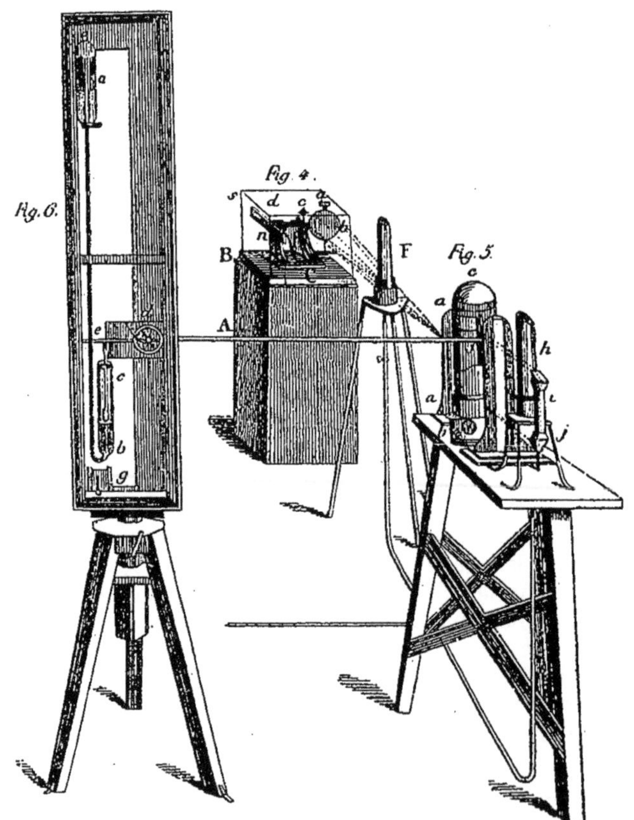

Ce magnétomètre-balance est aussi pourvu d'un compensateur automatique pour la température; il n'est guère visible dans la figure. Il consiste en un petit tube thermométrique pincé contre l'aimant, de manière que l'axe du tube se trouve dans le même plan horizontal que le centre de gravité de l'aimant et de ses dépendances, et son centre de rotation entre le réservoir du thermomètre et l'extrémité du mercure dans le tube. La longueur de la tige et la capacité du réservoir et du tube sont calculées de telle sorte que le poids de la petite quantité de mercure qui passe dans le tube par la dilatation, contrebalance exactement la perte de force de la barre, occasionnée par la même élévation de température.

La nécessité de cette compensation sera mieux comprise en songeant que, dans les deux magnétomètres, la position d'équilibre de l'instrument dépend de l'action mutuelle du magnétisme terrestre et du magnétisme libre de la barre, et que la variation dans cha-

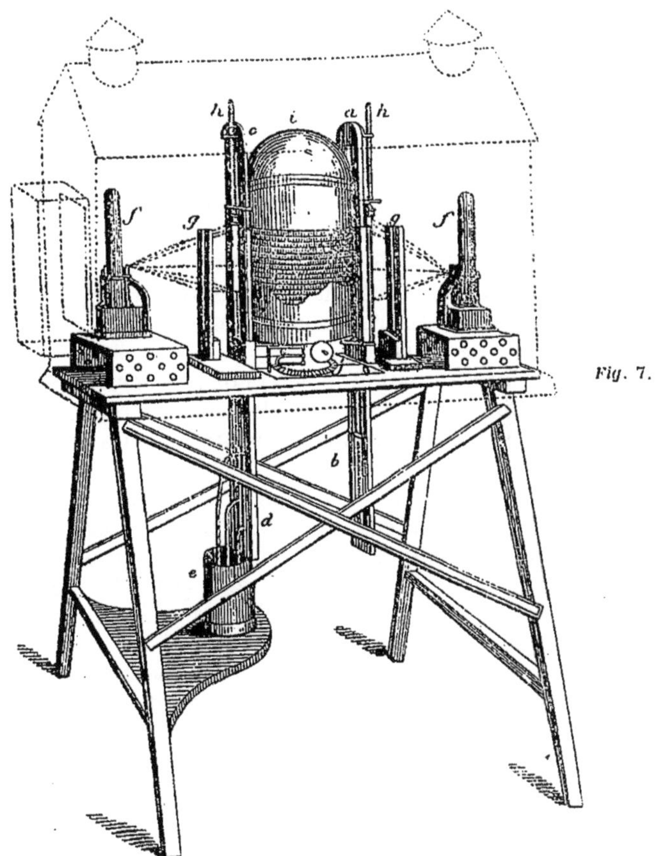

Fig. 7.

cune de ces forces élémentaires introduira une variation correspondante dans la position de l'aimant. Ainsi, pour que la courbe magnétique représente fidèlement et seulement la force magnétique terrestre, il est nécessaire que la variation de force dans la barre elle-même soit artificiellement contrebalancée par le même agent qui la produit, c'est-à-dire par la variation de la température.

Fig. 5. Enregistreur photographique.

a a. Combinaison de deux lentilles cylindriques, plan convexe, en verre, enchâssées dans un cadre en bois. La lumière les traverse avant que d'aller faire foyer sur le papier sensible.

b c. appareil enregistreur. *b* est une tablette en laiton qui supporte un disque tournant sur trois galets verticaux, et son axe entre trois galets horizontaux; l'extrémité supérieure de cet axe dépasse le disque pour entrer dans un trou au centre du fond métallique inférieur des cylindres; par ce moyen les cylindres de verre *c* sont supportés par le disque tournant, dont l'axe de rotation coïncide avec leur axe de figure.

Fig. 6. Baromètre enregistreur.

a b. Baromètre à siphon, renfermé dans une cage supportée par un pied; la chambre *a* et le réservoir *b* sont du même diamètre, qui est de 25 millimètres environ.

c. Flotteur en verre restant à la surface du mercure de réservoir; il pend à une espèce de boucle à couteau, au bout du petit bras de levier *d c.*

d. Axe autour duquel le levier peut tourner.

d f. Long bras du levier; il porte à son extrémité un écran *f*, percé d'une fente étroite, à travers laquelle passe un mince pinceau de lumière.

g. Plaque qui supporte le tube et qui peut être montée ou baissée par le moyen d'une vis, pour régler le point de départ de l'indication sur l'enregistreur, *fig.* 5.

h. Bec à gaz qui fournit la lumière pour les indications du baromètre; la ligne d'enregistrage, décrite par le pinceau de lumière qui traverse l'écran *f* monte et baisse avec la colonne de mercure; ces indications seront amplifiées dans le rapport des deux bras du levier *e d f*, qui est de 1 à 10.

i j. Tube portant une lentille prismatique, plan convexe, à chacune de ses deux extrémités, et tournées du côté du bec à gaz; un pinceau de lumière venant du bec entre par la face supérieure du prisme, réfléchi ensuite, de haut en bas, par sa face inclinée, tombe sur la face plane du prisme inférieur, se réfléchit sur sa face inclinée, sort horizontalement pour passer dans une petite lentille cylindrique plan convexe, qui lui fait faire foyer invariable sur le papier sensible. Ainsi, le même bec donne deux faisceaux de lumière;

l'un sert à tracer la courbe; l'autre, réfléchi deux fois, vient tracer la ligne de repère servant aux deux courbes.

Fig. 7. Thermomètre et psychromètre enregistreur.

a b. Thermomètre à mercure dont le réservoir *b* est libre dans l'air, sous la table.

c d. Thermomètre pareil au précédent, mais dont le réservoir *d* est couvert d'étoffe qui est entretenue mouillée au moyen de l'effet capillaire de plusieurs mèches de coton qui plongent dans le vase plein d'eau *c*.

Ces deux thermomètres sont placés l'un d'un côté, l'autre de l'autre côté des cylindres enregistreurs *i j*.

f. Becs à gaz, l'un pour le thermomètre, l'autre pour le psychromètre.

g. Systèmes de deux lentilles cylindriques plan convexe, pareils à tous les précédents.

La lumière de chacun des deux becs traverse une fente verticale et tombe sur ses lentilles respectives *g*, les traverse du haut en bas, tombe sur la tige du thermomètre correspondant, traverse cette tige et va tomber sur la surface du papier sensible.

Cette lumière est arrêtée par le mercure dans tout l'espace qu'il occupe; le premier rayon qui passe sur le sommet de la colonne en marque la position sur le papier, et toute la partie supérieure est impressionnée de la même manière.

De fins fils métalliques sont tenus dans les planchettes des thermomètres; ces fils correspondent chacun à une division des thermomètres; les divisions 10 sont marquées par des fils plus gros. Alors la lumière qui traverse ce grillage en marque nécessairement l'ombre sur le papier; ce sont ces impressions qui constituent les lignes fixes auxquelles se rapportent les variations thermométriques.

Il est nécessaire que les mêmes divisions fixes des deux thermomètres se couvrent; à cet effet, chacun des deux thermomètres est retenu par une vis *h*, qui permet de relever ou abaisser l'un ou l'autre de ces instruments, jusqu'à ce que leurs divisions concordent, comme l'indiquent les lignes parallèles sur la figure.

i j. Deux cylindres concentriques, entre lesquels se trouve enroulé le papier sensible.

j. Tablette supportant la base des cylindres. Cette tablette roule sur trois galets, et l'axe entre trois autres galets. Cet axe est mis en communication avec le chronomètre placé en dessous, dans la table, de la même manière que celui de la fig. 5.

Comme cet appareil doit nécessairement être placé à l'air libre pendant l'expérience, pour que la lumière extérieure soit sans influence, le cylindre enregistreur est couvert par un cylindre en zinc noirci intérieurement et extérieurement, n'ayant que deux fentes longitudinales, correspondant aux faisceaux venant des becs à gaz.

Un second écran en zinc, sous forme de maisonnette, protège le tout supérieur contre les injures du temps ; il a trois portes, l'une de face pour renouveler les cylindres, les deux autres pour arriver aux becs, ou changer les lampes, si on se sert de lampes. Cette couverture est ponctuée pour ne pas gêner les détails intérieurs.

La figure 8 représente l'établissement de ces divers appareils dans l'intérieur de l'Observatoire, à l'exception du septième, qui se trouve en dehors de la pièce et à l'air libre.

Le 1er est la boussole déclinométrique.

Le 2e, l'enregistreur commun à la précédente et à la suivante.

Le 3e, magnétomètre bi-filaire.

Le 4e, magnétomètre-balance.

Le 5e, enregistreur commun à la balance et au baromètre.

Le 6e, baromètre.

Le 7e, thermomètre-psychromètre et enregistreur, placés en dehors du mur.

La flèche indique la direction du méridien magnétique, et sa pointe se dirige vers le nord.

La ligne ponctuée marque la trace du méridien terrestre.

Les chronomètres employés dans ces trois appareils, pour faire tourner les cylindres, offrent des particularités dans leur construction. L'aiguille des heures, conduisant les cylindres, est placée ici au-dessus de celle des minutes, dont l'axe est placé à côté de celui des heures. Comme cette aiguille sert de manivelle et que sa grosseur empêche de lire l'indication horaire, elle porte une deuxième aiguille perpendiculairement à sa direction pour indiquer l'heure. La compensation du balancier est obtenue par des barrettes bi-métalliques en laiton et palladium pour prévenir ses effets sur les boussoles. Les nombres des dents des pignons sont tous premiers par rapport à ceux des roues, afin de diminuer les chances d'irrégularité dans leur mouvement.

MODIFICATIONS

AU

THERMOMÈTRE HORIZONTAL *A MINIMUM* DE RUTHERFORD,

Par M. WALFERDIN.

Les thermomètres à déversement, à minimum, que j'ai proposés, sont destinés à être mis en expérience sur les points *où l'œil et la main de l'observateur ne peuvent atteindre directement*. Ils rapportent leurs indications sans que les secousses et les causes de perturbation qui affectent le thermométrographe et les autres instruments thermométriques puissent les faire varier. Leurs résultats sont certains, mais, pour en connaître la valeur, il faut recourir à une comparaison qui ne permet pas que ces instruments soient habituellement employés en météorologie.

Lorsqu'il s'agit seulement d'obtenir l'indication de la température la plus basse, dans un espace de temps quelconque, *sur un point accessible à l'observateur, mais en son absence*, on emploie le thermomètre horizontal à minimum, de Rutherford, qui n'est, comme on sait, que le thermomètre ordinaire à alcool où se meut un index en émail, entraîné par le liquide thermométrique, lorsqu'il y a abaissement de température, sans que l'accroissement de la température doive ensuite le déplacer quand l'alcool se dilate.

Si je dis que le thermomètre à minimum de Rutherford n'est qu'un thermomètre ordinaire à alcool, ce n'est point pour diminuer l'importance d'un des instruments les plus simples et les plus ingénieux, du seul thermomètre à index qui mérite réellement d'être conservé. C'est surtout pour rappeler qu'il a l'avantage trop peu apprécié et peut-être trop peu connu, non seulement de conserver l'indication du minimum, mais de donner, ainsi que le thermomètre ordinaire, celle de la température au moment même de l'observation. Car, pour fournir cette double indication, il suffit simplement qu'au lieu d'être placé debout, comme le thermomètre ordinaire, il soit maintenu horizontalement.

Proposé par Rutherford en 1794, ce ne fut que plus de vingt années après, qu'à son retour d'un voyage en Angleterre, Arago le rapporta et le fit connaître en France. Quoiqu'il soit de l'application la plus facile, puisqu'il n'y a qu'à le renverser pour le régler après chaque observation ; quoiqu'il présente une notable utilité dans les nombreuses circonstances où l'on a besoin de connaître la température la plus basse dans un temps et sur un point donnés, l'usage en est néanmoins resté limité parmi nous à quelques cas spéciaux. J'ai dû rechercher pour quel motif un instrument d'une pareille simplicité n'était pas généralement employé, et j'ai reconnu que cela provient surtout de ce que ses indications ne sont pas toujours aussi certaines, et la marche de son index aussi infaillible qu'on le suppose.

En effet, lorsque l'abaissement de la température est rapide, et lorsque l'instrument ne contient pas une masse d'air assez considérable pour refouler l'alcool dans la tige, l'index s'arrête souvent en dehors du liquide thermométrique, ou, par suite des mêmes causes, de fréquentes solutions se forment dans la colonne de ce liquide.

Souvent il arrive aussi, pendant que l'instrument est exposé à une température élevée, en été, par exemple, l'alcool se vaporise; il se condense ensuite, se loge dans la partie supérieure du tube ou dans le réservoir qui le termine, et les indications de l'instrument se trouvent ainsi faussées, sans que, la plupart du temps, on s'en aperçoive.

Les inconvéniens que je viens de signaler se manifestent surtout quand l'instrument est placé horizontalement. Il arrive même quelquefois que, par suite de cette position, l'index, au lieu de rester au minimum, remonte avec le liquide thermométrique pendant que celui-ci se dilate.

Pour remédier à chacun de ces inconvénients, d'une part, se termine l'instrument à sa partie supérieure par une chambre conique renversée et inclinée de manière que l'alcool qui tendrait à se vaporiser ne puisse s'y maintenir en se condensant, et qu'il descende de lui-même dans la tige. D'autre part, pour assurer le refoulement de l'alcool dans l'intérieur de la tige aux basses températures, et empêcher en même temps sa vaporisation aux températures élevées, au lieu de fermer l'instrument à la température ambiante ou à celle de la glace fondante, comme cela se fait ordinairement, je le ferme à la température de — 25 à — 30° centigrades, que les artistes peuvent facilement produire au moyen d'un mélange d'acide chlorhydrique et de neige, ou de glace pilée, entouré d'un premier mélange de chlorure de sodium et de glace. L'instrument contient ainsi une quantité d'air suffisante pour qu'il ne se forme point de solution dans la colonne du liquide thermométrique.

Enfin, au lieu de placer l'instrument horizontalement, je l'incline de 15′ à 40°, suivant sa longueur, de sorte qu'après que le thermomètre, ainsi modifié, a été soumis au minimum de température, l'index ne peut plus remonter, et que l'alcool, qui se vaporiserait, si l'air ne formait pas un ressort suffisant pour le maintenir à l'état liquide, rentrerait de lui-même dans la tige, par suite de l'inclinaison de l'instrument.

Il est bon de remarquer que la forme du ménisque de l'alcool fait reconnaître facilement si l'instrument a été fermé à une température très basse. On conçoit, en effet, que le ménisque doit être d'autant plus concave que cette dernière a été moins élevée, et qu'il y a, par conséquent, plus d'air contenu dans le tube.

Un certain nombre de thermomètres à index, ainsi construits, ont été expérimentés sous mes yeux depuis plus d'une année, aux températures les plus basses et les plus élevées de notre atmosphère, sans éprouver le moindre dérangement.

On ne sera pas surpris de l'importance que j'attache à assurer l'exactitude des résultats du thermomètre à alcool à index, si l'on considère à quel point l'usage de cet instrument peut être étendu, et quelle utilité réelle il peut présenter, non-seulement en météorologie, mais dans nos foyers domestiques, dans les chambres des malades, dans les hôpitaux, dans les dortoirs, dans tout établissement agricole, dans la ferme la plus modeste, partout enfin où il importe si souvent de constater les minima de température.

Si, comme je l'ai recommandé depuis longtemps, tout thermomètre à alcool était muni d'un index mobile, employé en même temps comme thermomètre ordinaire et comme thermomètre à minimum, il servirait, au moyen des modifications que je propose, à déterminer avec autant d'exactitude la température la plus basse que celle du moment même de l'observation, tandis que le thermomètre ordinaire ne nous fournit que cette dernière indication.

Il est encore une application du thermomètre à minimum à index qui a été complétement négligée jusqu'à présent.

Lorsque, dans des expéditions scientifiques, on parvient à des stations inhabitées et d'un difficile accès, quelques-uns de ces instruments bien construits, qu'on y laisserait placés convenablement, nous révéleraient des données précieuses, en indiquant les minima de température, dans l'intervalle d'une ascension à une autre, sur des points élevés où aucune observation directe et continue n'est possible.

Les causes d'erreur qui pouvaient entacher les résultats obtenus au moyen du thermomètre à minimum de Rutherford une fois écartées, il me reste à parler de son thermomètre à maximum. C'est ce que je ferai dans un second mémoire.

THERMOMÈTRE *A MAXIMUM,* A BULLE D'AIR,

Par M. WALFERDIN.

Si le thermomètre à *minimum* à index proposé par Rutherford est, sous le point de vue pratique, l'instrument le plus simple, et s'il peut, au moyen des modifications que j'ai indiquées devenir de l'usage le plus fréquent, il n'en est pas de même de son thermomètre horizontal à *maximum :* il est presque toujours défectueux, et présente des inconvénients tels qu'il est promptement mis hors d'état de servir.

Dans ce dernier instrument, le mercure, en se dilatant, pousse un petit cylindre en fer qui s'arrête au maximum de température lorsque le mercure se contracte ; mais, pour que l'index métallique puisse se mouvoir librement, il est indispensable qu'il soit de moindre diamètre que celui du tube thermométrique. Or, il arrive que, par suite de cette cause et de l'adhérence que les corps solides contractent entre eux, le mercure, éprouvant de la résistance, se glisse entre l'index et le canal intérieur du tube, et qu'il passe par-dessus l'index qui se trouve ainsi noyé dans le mercure : l'instrument ne donne plus alors aucune indication.

De nombreuses tentatives ont été faites pour assurer la marche de cet index ; elles ont ainsi compliqué un instrument dont il fallait au contraire s'attacher surtout à rendre l'application aussi facile que l'est celle du thermomètre horizontal à minimum.

D'un autre côté, le thermométrographe, qui n'est que la combinaison de l'un et de l'autre de ces instruments, puisqu'il est formé d'alcool et de mercure avec deux index mobiles, a été redressé de manière à pouvoir être mis verticalement en observation, sans qu'il en résulte aucun avantage réel. Indépendamment des incertitudes que laisse le jeu des index qui doivent, au moyen d'un fil de verre faisant ressort, se maintenir au point où les portent les températures extrêmes, il présente, quant au passage du mercure par-dessus les index, le même inconvénient que le thermomètre horizontal à maximum, et, comme tout thermomètre à deux liquides et à indications permanentes, il se fausse après un usage plus ou moins prolongé.

Enfin le thermomètre à maximum à déversement que j'ai proposé, au lieu d'être spécialement réservé à la recherche des indications de la température sur les points inaccessibles, pourrait être appliqué, dans les observatoires, aux déterminations de température en l'absence de l'observateur. Il suffirait de placer près de cet instrument un bon thermomètre ordinaire, dont le réservoir aurait la même forme et la même capacité, pour que la comparaison pût être faite à toute température de l'atmosphère, pourvu qu'elle fût inférieure à celle d'observation.

Mais ce procédé n'est pas, sous le rapport de la pratique, d'une application aussi facile que celle du thermomètre à minimum à index, et il importe surtout de placer entre les mains des météorologistes un thermomètre à maximum qui soit rigoureusement aussi simple que ce dernier instrument.

En mettant sous les yeux de l'Académie, dans la séance du 24 avril 1854, le thermomètre métastatique employé par M. Cl. Bernard dans ses recherches sur les différences de température entre le sang artériel et le sang veineux, j'ai fait connaître comment j'avais rendu cet instrument propre à séjourner dans les organes dont il s'agit d'étudier l'état thermique, et à conserver l'indication du maximum de température auquel il a été exposé.

J'ajouterai qu'en réservant ainsi, par des moyens convenables, une très petite quantité d'air sec dans tout thermomètre à mercure terminé par un renflement à sa partie supérieure, on le rend également propre à devenir un thermomètre à maximum.

On aperçoit facilement que le procédé que j'indique ici m'a été suggéré par l'accident bien connu qui résulte, dans les thermomètres ordinaires, de la division de la colonne mercurielle de telle sorte que la partie supérieure reste souvent détachée de la partie inférieure sans qu'elles puissent se rejoindre.

J'ai réalisé cette division, en la produisant à volonté dans un endroit convenable de la tige thermométrique.

Il suffit donc, pour convertir un thermomètre ordinaire à renflement, ou réservoir supérieur en thermomètre à maximum à bulle d'air, de faire passer dans ce réservoir une petite masse de mercure, puis, de le chauffer à la flamme d'une bougie, afin d'en expulser complétement la bulle d'air et de l'introduire dans l'intérieur de la tige où l'on fait ensuite rentrer le mercure, de manière que la bulle d'air qui se trouve interposée produise la division de la colonne mercurielle.

Lorsqu'il y a élévation de température, le mercure, en se dilatant, chasse devant lui la petite bulle d'air; et celle-ci pousse à son tour la colonne de mercure qui lui est superposée.

Dès que la température vient à s'abaisser, le mercure, en se contractant, rentre dans le réservoir et dans la partie inférieure de la tige, mais il se sépare, au moyen de la bulle d'air, de la colonne supérieure qui s'arrête au maximum de température auquel l'instrument a été exposé, et en conserve l'indication.

Il suffit, après l'observation de redresser l'instrument, et, lorsque le tube est très capillaire, de le frapper légèrement ou de lui faire décrire rapidement un demi-cercle, pour le ramener à son état normal.

Ainsi, c'est de bas en haut que le thermomètre à minimum à

index doit être renversé après chaque observation, et c'est au contraire de haut en bas que le thermomètre à maximum à bulle d'air doit être relevé.

On voit que, bien qu'en sens inverse, l'une des deux opérations ne présente pas plus de difficulté que l'autre.

Lorsque le tube du thermomètre à maximum à bulle d'air est très-capillaire, l'instrument peut être mis verticalement en expérience. Cependant il est toujours plus sûr de le placer horizontalement ou sous une faible inclinaison.

On remarquera que la séparation de la colonne de mercure dans la tige, au moyen d'une bulle d'air, a aussi l'avantage de permettre de vérifier le jaugeage du tube et de corriger ses défauts de cylindricité.

L'emploi du thermomètre à maximum à bulle d'air réunit, comme on voit, les mêmes conditions de simplicité que celui du thermomètre à minimum ; j'ajouterai que plusieurs années d'observations météorologiques m'ont fait reconnaître l'exactitude de ses résultats, et que, d'après les indications que j'ai données pour sa construction, il est aujourd'hui en usage dans un certain nombre d'observatoires.

Il est à remarquer aussi que la plupart des thermomètres ordinaires construits depuis une vingtaine d'années, et qui ne dépassent pas $+50$ à $+60$ degrés centigrades, sont, pour éviter qu'ils ne se brisent s'il leur arrive d'être exposés à une température plus élevée, terminés par le renflement dont j'ai parlé. Ces sortes de thermomètres ne sont complétement *purgés d'air* que lorsque le mercure a été soumis plusieurs fois à l'ébullition. Comme ils n'ont ordinairement subi qu'une seule fois cette opération, ils contiennent souvent la très petite quantité d'air sec qui suffit pour les rendre propres à être employés comme thermomètres à maximum.

J'ai trouvé un grand nombre d'instruments ainsi construits, qui peuvent, comme le mot est déjà consacré dans quelques laboratoires, être *maximés*.

Les recherches que j'ai faites à ce sujet me permettent même d'assurer que, parmi les thermomètres à mercure qui sont considérés comme étant complétement privés d'air, le plus grand nombre en contient la quantité précisément nécessaire pour devenir de fort bons thermomètres à maximum.

Il est encore une autre application importante du thermomètre à bulle d'air. On sait quelles difficultés présente la détermination des températures élevées au moyen du thermomètre ordinaire ; celles, par exemple, de plus de 200 à 360 degrés centigrades. L'emploi du thermomètre métastatique permet de surmonter en partie ces difficultés. Le thermomètre à maximum à bulle d'air donne aussi le moyen de les atténuer sensiblement. En restant plongé jusqu'au niveau du mercure dans le milieu dont on veut apprécier la haute température, il en rapporte l'indication sans donner lieu aux erreurs de parallaxe et aux différences si considérables dans ces sortes d'observations, suivant que les thermomètres ordinaires sont plus ou moins immergés dans ce milieu.

La condition essentielle est que l'instrument ne contienne qu'une très petite quantité d'air sec, et qu'elle passe entièrement dans l'intérieur de la tige, ce dont il est toujours facile de s'assurer.

Paris. — Imprimerie de DUBUISSON et Cᵉ, rue Coq-Héron, 5.

PARIS,

IMPRIMERIE DE DUBUISSON ET Cᵉ, RUE COQ-HÉRON, 5.